农村美好环境与幸福生活共同缔造系列技术指南

农村生活污水治理指南

住房和城乡建设部村镇建设司　组织

王国荣　周文理　贡瑞金　巫　华　刘大成

高　磊　李友军　盛铭军　宋晓恒　顾　俊　编写

周莉芬　黄天寅　俞利铮

中国建筑工业出版社

图书在版编目（CIP）数据

农村生活污水治理指南/住房和城乡建设部村镇建设司
组织.—北京：中国建筑工业出版社，2018.12
（农村美好环境与幸福生活共同缔造系列技术指南）
ISBN 978-7-112-23004-4

Ⅰ.①农…　Ⅱ.①住…　Ⅲ.①农村—生活污水—污水
处理—中国—指南　Ⅳ.①X703-62

中国版本图书馆CIP数据核字（2018）第269212号

总 策 划：尚春明
责任编辑：石枫华　李　明　李　杰　朱晓瑜
责任校对：姜小莲

农村美好环境与幸福生活共同缔造系列技术指南
农村生活污水治理指南
住房和城乡建设部村镇建设司　　　　　　　　组织
王国荣　周文理　贡瑞金　巫　华　刘大成
高　磊　李友军　盛铭军　宋晓恒　顾　俊　编写
周莉芬　黄天寅　俞利铮
　　　　　　　　*
中国建筑工业出版社出版、发行（北京海淀三里河路9号）
各地新华书店、建筑书店经销
北京点击世代文化传媒有限公司制版
北京富诚彩色印刷有限公司印刷
　　　　　　　　*
开本：850×1168毫米　1/32　印张：1¼　字数：22千字
2019年3月第一版　2019年3月第一次印刷
定价：**15.00**元
ISBN 978-7-112-23004-4
　　　（33024）
版权所有　翻印必究
如有印装质量问题，可寄本社退换
（邮政编码 100037）

丛书编委会

主　编：卢英方

副主编：尚春明

编　委：

前　言

　　农村污水治理是改善农村人居环境的重要内容。农村污水治理，要以村容村貌提升为主攻方向，以提高农村生活污水治理率、管控生活污水乱排乱放现象为目标，因地制宜做好厕所下水道管网建设和农村污水处理，不断提高农民生活质量，建设美丽宜居乡村。

　　为指导各地推动农村生活污水治理，特编写《农村生活污水治理指南》。本书以农村基层管理人员、技术人员和普通村民为主要读者，适用于农村生活污水收集和处理的新建、扩建和改建工程，共同缔造农村美好环境与幸福生活。

目 录

一 概述

截至 2017 年底，我国共有 58 万个行政村、约 260 万个自然村、常住人口约 6 亿人，年产生生活污水总量约 100 亿吨。从 2005 年新农村建设起步至 2016 年，全国对生活污水进行处理的行政村提高到 20%。总体来看，目前农村生活污水治理情况仍然相当滞后。

农村生活污水治理总体要求

——坚持政府主导、农民参与
· 明确农村生活污水治理的公共产品定位。引导农村居民积极参与项目建设和管理。

——坚持因地制宜、规划先行
· 因地制宜确定生活污水治理标准和模式。遵循新型城镇化发展规律，规划先行。

——坚持突出重点、递次推进
· 确定农村生活污水治理重点地区，环境敏感区域和规模较大村庄优先。

——坚持建管并重、社会参与
· 坚持先建机制、后建工程。引导和鼓励社会资本投向农村生活污水治理。

二　农村生活污水的特点

（一）农村生活污水的组成

农村生活污水组成

1. 厕所粪便产生的污水

2. 厨房产生的污水

3. 洗衣和家庭清洁产生的污水

4. 农村居民洗澡产生的污水

厕所污水

厨房污水

家庭清洁污水

洗澡污水

在农村生活污水中厕所粪污是第一污染物，厕所粪污治理是农村生活污水治理的第一任务。在农村大多数的疾病都是由不安全的水和缺少卫生设施（厕所）造成的。

与粪便相关的疾病有30多种

霍乱	伤寒副伤寒	细菌性痢疾
甲型肝炎	蛔虫病	血吸虫病等

▶ （二）农村生活污水的特点

污染负荷量大

区域差异大

水质水量变化大

易被微生物降解

进水有机物浓度低

三 农村生活污水治理模式

农村生活污水治理模式分为农户分散治理模式、村落集中治理模式和城乡统一治理模式三类。农村生活污水治理遵循"资源利用，接管优先，因地制宜"的原则，加快乡镇污水处理设施建设和改造，推动设施建设和服务向乡村延伸，并采取集中与分散相结合的方式，宜集中则集中，宜分散则分散。

（一）城乡统一治理模式

城乡统一治理模式适用于邻近市区或城镇可铺设污水管网的村落，强化市政污水厂配套管网扩面延伸，将污水收集后，由城镇污水处理厂统一处理。

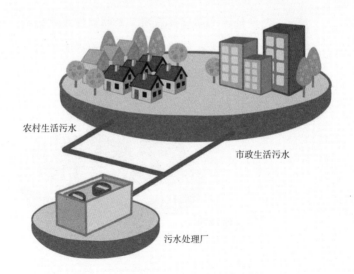

城乡统一治理模式

（二）村落集中治理模式

村落集中治理模式适用于村庄农户居住具备管网敷设条件的村落，在村庄附近建设农村生活污水处理设施，将村庄内全部污水集中收集输送至此就地处理。

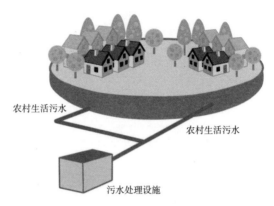

村落集中治理模式

（三）农户分散治理模式

农户分散治理模式适用于管网建设难度较大，村落规模较小，且临近没有污水处理站。主要针对于当前无法集中铺设管网或集中收集处理的村落。

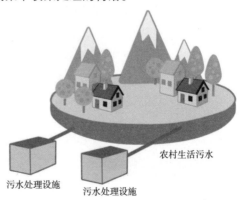

农户分散治理模式

四　农村生活污水排放标准

农村生活污水就近纳入城镇污水管网，排放标准执行《污水排入城镇下水道水质标准》。

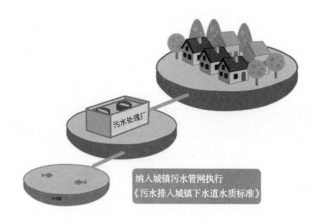

纳入城镇污水管网执行
《污水排入城镇下水道水质标准》

农村生活污水处理设施规模在限定规模及以上，排放标准执行《城镇污水处理厂污染物排放标准》。

在限定规模以上的执行
《城镇污水处理厂污染物排放标准》

农村生活污水处理设施规模在限定规模以下，因地制宜制定地方污水处理及排放标准。

根据处理后出水去向和用途，区分直接排放水体、间接排入水体、出水回用三类方式，明确了五级排放标准要求和基本控制指标，如下表所示：

农村生活污水处理分类控制指标和排放限值

处理设施出水排放去向			污染物控制指标和排放限值
1. 直接排放水体	环境功能确定的水体	Ⅱ和Ⅲ类水体	至少应包括 COD_{cr}、pH、SS、NH_3-N 等
		Ⅳ和Ⅴ类水体	至少应包括 COD_{cr}、pH、SS 等
		封闭水体或超标印子为氮磷的不达标水体	至少应包括 COD_{cr}、pH、SS、NH_3-N、TN、TP 等
	村庄附近池塘等环境功能未明确的小微水体		保证该受纳水体不发生黑臭
2. 间接排入水体（流经沟渠、自然湿地等）			适当放宽排放限值
3. 出水回用（如农业灌溉或其他用途）			执行国家或地方相应的回用水质标准

注：1. 农村生活污水处理排放标准原则上适用于处理规模在 500m³/d 以下的农村生活污水处理设施污染物排放管理，可因地制宜进一步确定具体处理规模标准。

2. 农村生活污水处理排放标准，可结合污水处理规模、水环境现状等实际情况，因地制宜制定地方排放标准，进一步明确分区分级要求和基本控制指标。

　　湖北麻城石桥垸村因地制宜，通过生活污水处理设备和技术措施综合治理污染水体，有效改善了坑塘水体环境，将原来环境恶劣的臭水坑变为良好的生态景观，使其成为周边群众休闲娱乐的水景，切实提升了周边村民的生活质量。

项目位置

治理前

治理后

治理效果

五 农村生活污水收集与处理

（一）农村生活污水收集系统

　　农户生活污水收集系统是指利用出户管、接户管、检查井等充分收集农户生活污水的污水收集系统。粪便污水进入化粪池、厨房污水经隔油池（普通农户可不设，农家乐必须设置）进入污水管道，其他杂用水直接进入污水管。

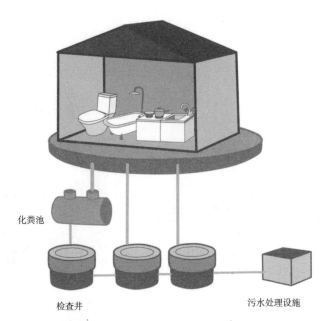

化粪池

检查井

污水处理设施

普通农户生活污水收集系统

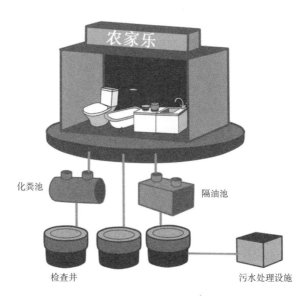

化粪池 　　　　　　　　　隔油池

检查井 　　　　　　　　　污水处理设施

农家乐污水收集系统

1. 收集系统管道

　（1）污水管材

PVC–U直壁管（出户管）

HDPE双壁波纹管（污水干管）

PE直壁管（压力管）

球墨铸铁管（穿越铁路或地震地区）

（2）管道接头

刚性接口施工简单、造价较低，应用较广泛。柔性接口施工复杂，造价较高，系统呈柔性状态，比较灵活，在地震区等采用有它的优越性。

刚性接头　　　　柔性接头

2. 管道附属构筑物

（1）检查井

检查井一般设在管道交汇处、转弯处、管径或坡度改变处、跌水处以及直线管段上，是便于定期检查管道及附属构筑物。

砖砌检查井　　　　塑料成品检查井

砖砌检查井具有抗压能力强、接口造型灵活的优点，但是密封性差，易渗漏。

塑料成品检查井具有施工快速、施工工艺简便、密封性好等优点。

在经济发达地区，建议检查井井盖采用双层井盖，双层井盖是与路面齐平、衔接的地下设施检查井盖，其结构为上、下两层。

检查井（窨井）最大间距

管径或暗渠净高（mm）	检查井（窨井）最大间距（m）	
	污水管道	雨水管道或合流管道
200 ~ 300	20	30
350 ~ 450	30	40
500 ~ 600	40	50

（2）化粪池

农村化粪池的类型应当因地制宜，选择适合当地环境及经济条件的类型。

三格式化粪池　　　　双瓮式化粪池

（3）隔油池

农家乐、饭店等餐饮废水必须经隔油池预处理后再接入管网系统。可根据国家标准图集现场砌筑或者购买成品安装。隔油池需定期清掏。

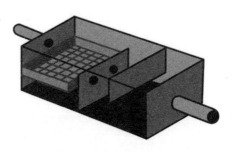

成品隔油池

（4）提升泵井

农村地区应避免管道开挖较深影响建筑物基础，对于管线较长地区需设置提升泵井，以减少后续管道的埋设深度。尽量采用全地下结构，噪声较小的潜污泵，以免影响村民生活。

提升泵井示意图

▶ （二）农村生活污水处理技术路线

1. 厕所污水单独处理宜优先就地或区域集中处理和资源化利用。

厕所污水　　　　化粪池　　　　　　回用

2. 生活杂排水可采用自然生物处理单元处理后排放或资源化利用。

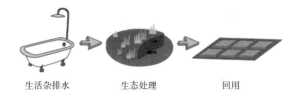

生活杂排水　　　生态处理　　　　　回用

3. 农村污水处理根据需求采用的主要技术路线

（1）去除 COD 技术路线 1

农村污水　　　生物接触氧化单元　　　排放

生物接触氧化池主要去除目标为 COD 和氨氮，可不考虑硝化液的回流。

（2）去除 COD 技术路线 2

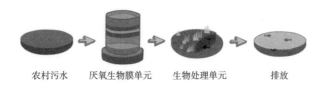

农村污水　厌氧生物膜单元　生物处理单元　排放

污水处理站的主体技术采用生态处理技术时，生物处理单元宜采用厌氧生物膜，以有效降低后续自然生物处理单元的有机负荷，防止堵塞。

（3）去除总氮技术路线

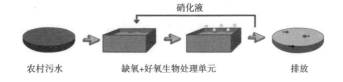

硝化液

农村污水　　　缺氧+好氧生物处理单元　　　排放

（4）去除总氮总磷技术路线

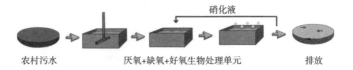

硝化液

农村污水　　　厌氧+缺氧+好氧生物处理单元　　　排放

（三）农村生活污水典型治理工艺

技术分类	初级处理	生物处理			
	化粪池	生物接触氧化池	普通曝气池	序批式反应器（SBR）	MBR
地区适宜性	东北、西北、华北、东南、西南、中南	东北、西北、华北、东南、西南、中南	华北、西南、中南	西北、华北、西南、东南、中南	西南、东南、中南
工艺使用频次	（叶）×5	（叶）×4	（叶）×4	（叶）×4	（叶）×4
投资强度	（币）×1	（币）×3	（币）×4	（币）×3	（币）×4
技术难易程度	（扳手）×1	（扳手）×3	（扳手）×3	（扳手）×3	（扳手）×4

续表

技术分类	生态处理		
	土地渗滤	稳定塘	人工湿地
地区适宜性	东北、西北、西南、东南、中南	东北、西北、华北、西南、东南、中南	西北、华北、西南、东南、中南
工艺使用频次	🍃🍃🍃	🍃🍃🍃	🍃🍃🍃
投资强度	🪙🪙	🪙🪙	🪙🪙
技术难易程度	🔨🔨	🔨🔨	🔨🔨

🍃：叶子数量越多，使用越广

🪙：金币数量越多，造价越高

🔨：锤子数量越多，工艺技术越复杂

六　农村生活污水治理建设运行模式

（一）农村生活污水建设运行模式

住房城乡建设部确定以县域范围综合整治为目标，按城乡统筹、统一规划、统一建设、统一运行、统一管理的"四统一"模式为原则开展农村生活污水治理。

统一规划：以县级市（区）为单位，由排水行政主管部门牵头，按照城乡统筹的原则进行统一规划，因地制宜合理选用接管、集中、分散处理三种模式

统一建设：依托水务集团等平台进行统一建设，统筹解决农村污水治理设施建设资金。或者按县级市（区）、镇分级负担统筹建设，建设资金由财政预算单独安排

统一运行：实施专业化运行维护和统一化管理。对于有条件地区，委托第三方专业化公司；受条件限制地区，考虑村级组织为运维主体，运维费用划拨到村级组织

统一管理：排水行政主管部门或镇政府为管理主体，村级组织为落实主体，负责辖区内农村生活污水治理设施运行的日常监管等。有条件的地区，可引入市场化机制，进行监管

▶ （二）信息化建设和管理

以生态文明建设为重点，结合城镇排水系统信息建设，建立农村生活污水治理设施管理信息平台，通过"互联网＋智能遥感"、云计算机等信息技术，监理数字化服务网络和监控平台，对农村污水独立处理设施的运行状态、处理效果和维护质量等进行监控，并预留与政府监控平台对接的接口，更好地实现管理和应用高效化。

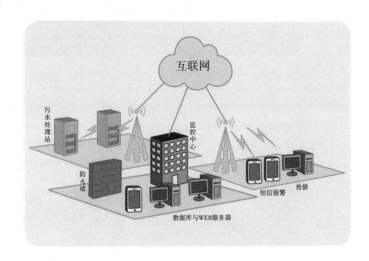

七 农村生活污水治理施工控制要点

（一）污水管网施工要点

1. 测量与放线

在施工前，施工单位需要进行现场测量，测量无误后方可进行放线。

2. 沟槽切割与开挖

（1）路面放线完成后，对混凝土路面进行切割。切割时要切割整齐。

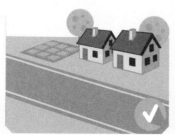

切割整齐

切割不整齐

（2）沟槽开挖,开挖的宽度和深度要满足施工图纸的要求,沟底要平整，无大、尖的石块或水泥碎片。

沟底平整　　　　　　　　沟底不平整

3. 管道安装与接户

（1）管道安装

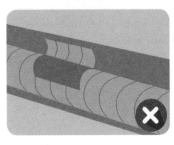
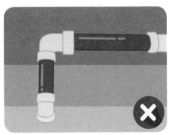

禁止在管件上开孔　　　　不同管材不允许直接对接

（2）检查井安装

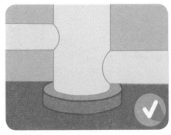
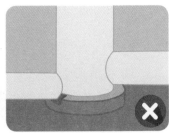

标准做法　　　　　　　　在底座上开孔

4. 管道基础与回填

（1）管道基础

应采用污水泵临时设施将沟槽内积水排净，严禁带水作业。沟槽内土质条件良好的用机械或人工进行夯实，土质条件较差的可采用素土置换或级配砂石回填。

严禁带水作业　　　　　　　　禁止边挖边装管网

（2）管道回填

管道回填时管道两侧要求同步回填，分层夯实，严禁单侧填高，严禁采用淤泥、垃圾土、废弃物、大石块和砖块回填。

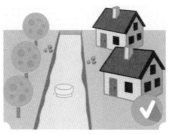 

5. 路面恢复

所有在施工过程中被破坏的路面都需要恢复成原状（有特殊原因的除外）。水泥要提前 28 天送检，检测方可使用。

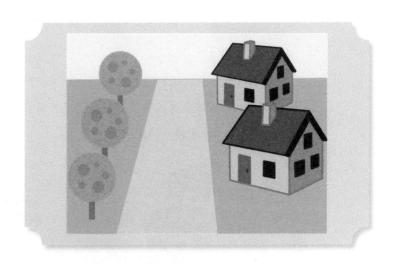

▶ （二）污水处理设施施工要点

1. 基坑支护

　　污水处理设施开挖较深且邻近有建筑物的地方，对基坑内的土作支撑和围护，防止周边的土方塌方。

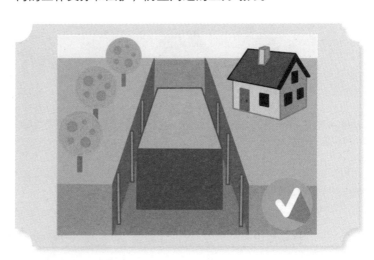

2. 设备定位

　　按照图纸测量确定设备位置，在基础表面打中心线及设备主体位置墨线。

3. 注水试验

　　就位完成后须通过设备检修孔依次向设备内注入，观察设备内水位，水位到排水管底时停止注水，同时静置一段时间，检查设备是否有渗漏。

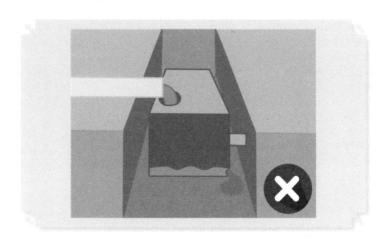

4. 设施回填

回填之前，必须灌水至设备内正常水位线处，防止设备移动或倾斜。要使用没有石头等杂质的优质土作为回填土，防止设备外壁刮伤。回填时，需一边确认水平一边回填，避免因回填导致设备倾斜，从而造成水平不良或局部负重。

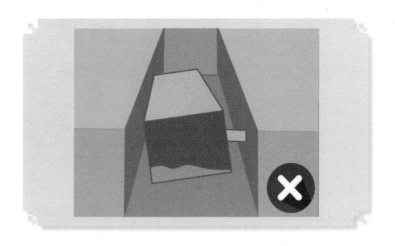

八 管护要点

▶ **（一）污水管网管护要点**

　　管护方向包括出户管、污水管道的主支管网及检查井。

　　管护内容包括检查井水位、污水冒溢、井盖缺损、管道塌陷、私自接管、雨污混接以及影响管道排水的工程施工等。

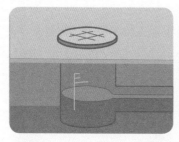

检查井水位

污水冒溢

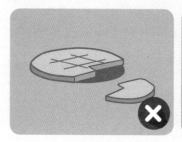

井盖缺损

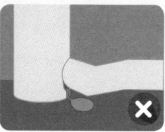

管道坍塌

雨污混接

▶ （二）污水处理设施管护要点

1. 化粪池

（1）化粪池顶板上的盖板平时要盖严，只能在清掏粪渣或舀粪水时打开。

（2）为防止满溢，对化粪池定期进行外掏清运。建议清掏周期为 6 个月。每年至少清理 2 次，如果条件允许，可每季度（即 3 个月）清掏一次。

（3）打捞出的粪渣进行无害化处理。

化粪池清掏示意图

2. 污水处理终端设施

（1）电器设备：主要包括曝气泵、提升泵流量计等设备的检查、保养、维护及更换。

（2）基础设施：格栅、检查井、生化池的清理。

（3）村污水处理设施的巡检周期为 1～2 周；单户污水处理设施的巡检周期为 2～6 月。

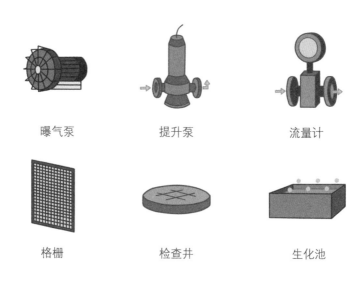

曝气泵　　　　　　提升泵　　　　　　流量计

格栅　　　　　　　检查井　　　　　　生化池

3. 人工湿地

（1）定期检查过滤系统是否堵塞，保证出水通畅。

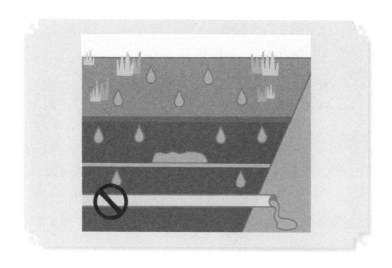

（2）定期检查植物生长状况，虫害防治，保证植物长势良好。

（3）定期检查和维护终端设施护栏、告示牌等设施，保证设施完好及周边环境干净整洁。

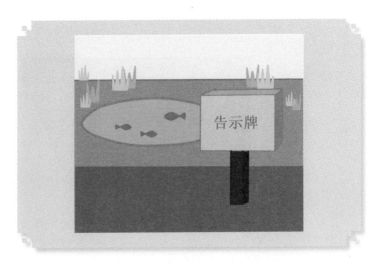

（4）定期检测出水水质并记录，确保水质达标。

4. 土地渗滤

（1）定时对格栅（小型系统格网）进行清渣，防止堵塞。

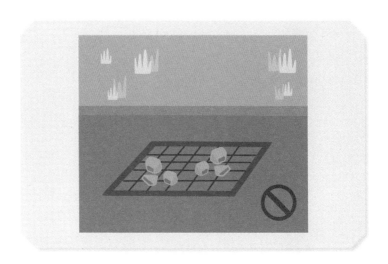

（2）定时对植物进行收割，去除吸附在植物体中的营养物质。

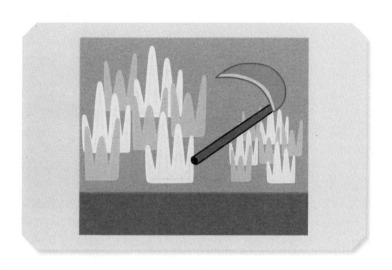